我的第一本科学漫画书

升级版

科学实验王

KEXUE SHIYAN WANG

33 抗原与抗体
KANGYUAN YU KANGTI

[韩]故事工厂 / 文
[韩]弘钟贤 / 图
徐月珠 / 译

U0325892

21 二十一世纪出版社集团
21st Century Publishing Group

通过实验培养创新思考能力

少年儿童的科学教育是关系到民族兴衰的大事。教育家陶行知早就谈到："科学要从小教起。我们要造就一个科学的民族，必要在民族的嫩芽——儿童——上去加工培植。"但是现代科学教育因受升学和考试压力的影响，始终无法摆脱以死记硬背为主的架构，我们也因此在培养有创新思考能力的科学人才方面，收效不是很理想。

在这样的现实环境下，强调实验的科学漫画《科学实验王》的出现，对老师、家长和学生而言，是件令人高兴的事。

现在的科学教育强调"做科学"，注重科学实验，而科学教育也必须贴近孩子们的生活，才能培养孩子们对科学的兴趣，发展他们与生俱来的探索未知世界的好奇心。《科学实验王》这套书正是符合了现代科学教育理念的。它不仅以孩子们喜闻乐见的漫画形式向他们传递了一般科学常识，更通过实验比赛和借此成长的主角间有趣的故事情节，让孩子们在快乐中接触平时看似艰深的科学领域，进而享受其中的乐趣，乐于用科学知识解释现象，解决问题。实验用到的器材多来自孩子们的日常生活，便于操作，例如水煮蛋、生鸡蛋、签字笔、绳子等；实验内容也涵盖了日常生活中经常应用的科学常识，为中学相关内容的学习打下基础。

回想我自己的少年儿童时代，跟现在是很不一样的。我到了初中二年级才接触到物理知识，初中三年级才上化学课。真羡慕现在的孩子们，这套"科学漫画书"使他们更早地接触到科学知识，体验到动手实验的乐趣。希望孩子们能在《科学实验王》的轻松阅读中爱上科学实验，培养创新思考能力。

北京四中　物理教研组组长
物理高级教师　厉璀琳

伟大发明大都来自科学实验！

　　所谓实验，是为了检验某种科学理论或假设而进行某种操作或进行某种活动，多指在特定条件下，通过某种操作使实验对象产生变化，观察现象，并分析其变化原因。许多科学家利用实验学习各种理论，或是将自己的假设加以证实。因此实验也常常衍生出伟大的发现和发明。

　　人们曾认为炼金术可以利用石头或铁等制作黄金。以发现"万有引力定律"闻名的艾萨克·牛顿（Isaac Newton）不仅是一位物理学家，也是一位炼金术士；而据说出现于"哈利·波特"系列中的尼可·勒梅（Nicholas Flamel），也是以历史上实际存在的炼金术士为原型。虽然炼金术最终还是宣告失败，但在此过程中经过无数挑战和失败所累积的知识，却进而催生了一门新的学问——化学。无论是想要验证、挑战还是推翻科学理论，都必须从实验着手。

　　主角范小宇是个虽然对读书和科学毫无兴趣，但在日常生活中却能不知不觉灵活运用科学理论的顽皮小学生。学校自从开设了实验社之后，便开始经历一连串的意外事件。对科学实验毫无所知的他能否克服重重困难，真正体会到科学实验的真谛，与实验社的其他成员一起，带领黎明小学实验社赢得全国大赛呢？请大家一起来体会动手做实验的乐趣吧！

目录

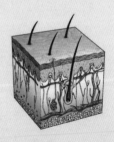

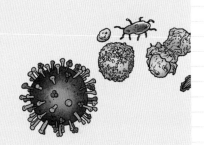

人物介绍

范小宇

所属单位： 韩国代表队B队

观察内容：

- 自从参加奥林匹克竞赛后，平时累积的基础知识在实战中得以发挥。
- 新奇的创意和从容的态度，让他在实验中遇到问题时都能迎刃而解。
- 非常期待能在预赛结束后的舞会里遇见更多朋友，却遭遇了意想不到的情况。

观察结果： 真诚地对待朋友，不管是哪一队，都会发自真心地为他们加油打气。

江士元

所属单位： 韩国代表队B队

观察内容：

- 在机场没有通过体温筛检，导致无法准时在比赛前抵达赛场。
- 在奥林匹克竞赛中，以出众的外表和实力受到众人瞩目。
- 喜欢实验，却不关心在实验比赛中遇见的朋友。

观察结果： 将参加比赛的人都视为竞争者，却因为小宇的一番话，重新思考与他人的关系。

罗心怡

所属单位： 韩国代表B队

观察内容：

- 遇到危机时能够冷静沉着，是代表队的第二队长。
- 是当小宇在医务室无聊休息时唯一关心他的人。

观察结果： 愈发默契的团队合作和日益增加的实力让她更加自信。

何聪明

所属单位： 韩国代表队B队

观察内容：

·因为士元不在，比赛前紧张到全身不停发抖。

·在这次比赛中，因意外担任实验对象而被人注意。

观察结果： 信息收集能力优秀，却不了解同学的一些小心思。

伊丽莎白

所属单位： 英国代表队B队

观察内容：

·不管是大胆的实验还是保守的实验都能从容应对。

·与别人的思考方式不同，喜爱的东西也十分特别。

观察结果： 不会因比赛的胜负而开心或难过，而是以最终胜利为目标，持续前进。

瑞娜

所属单位： 德国代表队

观察内容：

·个性积极，一发现士元并没有参加比赛，便前去寻找。

·希望士元获得胜利，却也很喜欢英国代表队B队的实验。

观察结果： 对从小一起长大的士元十分关心，凡事都将他放在第一位。

其他登场人物

❶ 在预赛最后一场比赛中对决的伊戈尔和露。

❷ 瑞娜最强有力的后盾，德国队员马克斯。

❸ 十分关心第三组是否能进入决赛的江临。

前情提要

黎明小学实验社正在中国北京参加科学奥林匹克竞赛预赛！士元因为生病不得不回国治疗，剩下的三人观看下一场比赛的对手——英国代表队 B 队的比赛。其大胆又严谨的实验让他们感到非常紧张。他们接受金球老师的特训，为下一场比赛做准备，也偷空为参加国际武艺示范大赛而来到北京的小倩加油。隔天，预赛最后一场比赛终于开始，但士元却没有回来，甚至还失去联络……

第一部 惊险时刻

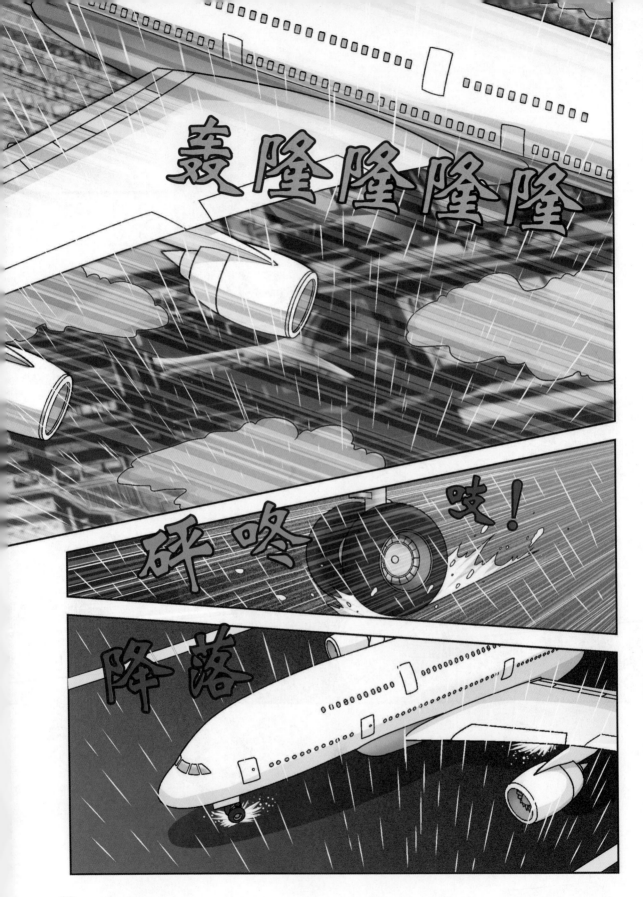

15

应该没有发生什么意外吧?

嗯?

好,那我知道了!

瑞娜?

转

抱歉,我来晚了。你在等我吗?

咦?看来不是。

你先进去。

啪

19

我去机场，马上回来。顺便帮我告诉班和苏菲。

这场比赛你等了很久，难道不想看了吗？

我不是对比赛有兴趣，只是想看到他们赢。

我想看到士元获胜！

等一下！外面雨很大，你会被淋湿。

没关系！

看样子你好像有急事。先穿上雨衣再走吧！

这次韩国 B 队和英国 B 队的比赛应该很有看头。

我也非常期待这次的比赛。

韩国 A 队已确定进入决赛。

韩国 B 队是否也有机会呢？

第 3 组的韩国和俄罗斯都是两胜两负，平分秋色！

俄罗斯进决赛的概率比较高吧？我记得俄罗斯的胜场数比较多。

韩国 B 队要想进入决赛的话，今天非赢不可，而且还要俄罗斯输掉比赛才行。

压力真不是一般的大。

咦……

韩国 B 队原来不是有四个人吗？

那队有一个人没来吧？

是吗？

他的名字叫什么呢？那个长得很可爱的男生！韩国B队的王牌。

不是吧？长得很可爱的男生在那里啊！

那个爆炸头。

谁？

你在发抖吗？

才不是，是地板在摇晃！

不停发抖

即将开始进行理论对决，
请两队就位。

人还没到齐，
可以开始吗？

比赛开始后就
不能进场了吗？

七嘴八舌

走

走

喂！你站起来的话，
我们就看不到啦！

我要离开这
里，去看更
有趣的比赛。

更有趣的
比赛？

你是说俄罗斯和马达加斯加的比赛吗？

目前在第二竞赛场同时进行的那场比赛？同样是第三组的最后对决。

英国 VS 韩国
第一竞赛场

俄罗斯 VS 马达加斯加
第二竞赛场

没错，两场比赛都是强队对上弱队，结果不用看也知道。

不过，和已经确定进入决赛的强队及没有王牌的弱队相比，那边的比赛应该会更精彩吧！

哭闹不止

亏我还这么期待，实在太可惜了！范小宇！

强队

弱队

强队

弱队

听你这么一说，好像是哟！我也不想看无聊的比赛。

是啊，既然这样的话，不如去看比较有趣的实验。

交头接耳

窃窃私语

我们也要走吗？

27

我要看这场比赛！真是越来越刺激啰！

我也是！

你赶快去看那边的比赛！祝你看得愉快！

好的！绝对会比这里有趣一百倍！

哼！

奔！哼！哼！跑跑跑

愉悦

哦，你来了？

谢谢你的雨衣，非常有用呢！

拿

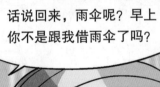

话说回来，雨伞呢？早上你不是跟我借雨伞了吗？

装作若无其事的样子，还是非常关心这场比赛啊！

……

实验1 测量脉搏

　　血液能将氧气与营养素输送至身体各处，调节体温，并将废弃物运送至肾脏，再通过尿液排出体外。血液里的白细胞可以保护我们的身体，抵抗从外部侵入的病菌。血液流经全身，一刻不停地执行它的任务。我们可以通过简单的脉搏测量实验，来确认血液的流动。

准备物品：时钟或定时器

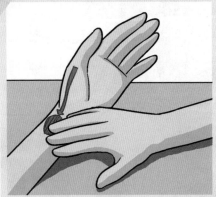

❶ 将一只手臂放在桌上，掌心朝上，用另一只手在手腕内侧大拇指下方寻找脉搏。

❷ 食指和中指靠拢，轻轻地压在脉搏跳动处，以30秒时间为限，计算脉搏跳动的次数。

❸ 把测量30秒得到的脉搏数乘2，即为每分钟的脉搏数。

为什么会这样呢?

当心脏收缩时，血液开始从心脏出发，由动脉血管送往身体各处。这时，随着心脏跳动，血液经过动脉血管壁产生的波动，即是我们感觉到的脉搏。正常情况下，新生儿的脉搏数平均每分钟120～140次，儿童平均每分钟80～90次，成人则是每分钟60～100次。依据脉搏的快慢或强弱程度，可以了解心脏跳动情况。对健康的身体而言，脉搏每分钟跳动的次数越低，表示心肺功能越佳。

心跳比正常人快很多的话，有可能是罹患贫血或甲状腺功能亢进等疾病。

紧张或压力较大时，心脏也会跳得很快。

实验2 观察面包是否发霉

细菌、真菌和病毒等微生物中，有些会让动植物生病，有时甚至会夺走其宝贵的生命，但也有些对环境及我们的身体有益。举例来说，让食物发酵的酵母菌、能帮助肠道健康的乳酸菌等，都属于有益的微生物。通过实验，观察有效微生物群"EM菌"是否能防止面包腐败发霉。

准备物品：EM菌原液或EM活性液 、水、喷雾器2个 、吐司2片、盘子2个 、保鲜膜 。

❶ 将1ml的EM菌原液和100ml的水倒入喷雾器里稀释，另一个喷雾器则装100ml的水。

❷ 在两个盘子上各放一片吐司，并标上号码1和2。

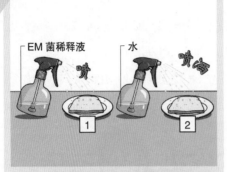

❸ 在1号盘子的吐司上喷洒EM菌稀释液，在2号盘子的吐司上喷水。

❹ 把1号和2号盘子分别用保鲜膜包好后，放在阴凉处。一天喷洒两次EM菌稀释液（1号盘子）和水（2号盘子），观察吐司的变化。

好像有酸味。

这片吐司不但发霉了，还有恶臭味。

❺ 三天后，喷洒EM菌稀释液的吐司在外观上没有很大的改变，仅散发出酸味。相反，喷水的吐司上则有霉菌生长繁殖。

这是什么原理呢？

在微生物分解有机物的过程中，若产生对人类有益的物质，称为"发酵"；但若制造出有害的物质，则称为"腐败"。湿度高的话，空气中的细菌和霉菌容易繁殖，因此，在喷水的吐司上会长出许多霉菌，使吐司腐坏不能食用。然而，喷洒EM菌稀释液的吐司，因为EM菌会制造大量的抗氧化物质，所以不容易生成霉菌。EM菌是有效微生物群（Effective Micro-organisms）的缩写，它是从存在于自然界的众多微生物之中，挑选出对人类有益的数十种微生物，组合培养而成的。

把EM菌和水以1比100的比例混合后，可以用来打扫、洗碗和洗衣服哟！

第二部

挑战自我的实验

	英国B		压力
答案	压力	压力	温度
病原体	温度	温度	
	病原体	病原体	

答案很类似。

不一样?

病原体和病菌，都是会引发疾病的生物，

全部视同正确答案。

得救了!

43

44

要做细菌观察实验，需要制作培养基，花几天的时间培养细菌并染色。如果时间不够充裕的话，能观察到的细菌并不多。

收集细菌

再加上……

制作培养基

培养细菌

二次实验

细菌小到肉眼看不见，用一般显微镜观察到的概率不高。

明明里面有细菌，却看不到！

之所以有主题提示，不就是给我们选择实验的机会吗？

既困难，失败率又高……

但我们需要具有挑战性又贴近提示的实验啊！

选择保守的实验也是我们的决定。

我们已经确定进入决赛了。

不是吗？

不是吗？

48

各自准备好负责的物品。

全部交给我吧!

血液的流动

杀菌

终于决定好实验主题啦!

血液的流动和杀菌……

第二道题目的答案是……

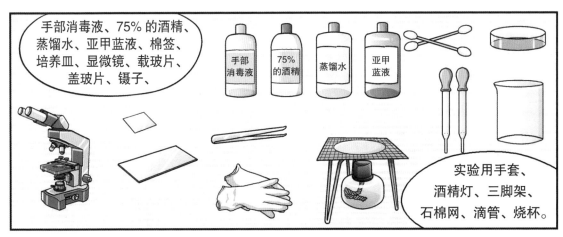

手部消毒液、75%的酒精、蒸馏水、亚甲蓝液、棉签、培养皿、显微镜、载玻片、盖玻片、镊子、

手部消毒液

75%的酒精

蒸馏水

亚甲蓝液

实验用手套、酒精灯、三脚架、石棉网、滴管、烧杯。

应该没有遗漏什么东西吧?

嗯,现在开始吧!

七、八……

实验进行时,为了不让细菌附着在手上,我和心怡必须要戴上实验用手套。

好。

戴

喷喷

接下来,从细菌较多的手上采集细菌,用高倍率的显微镜观察,并记下数字……

用酒精和热水消毒后,再次观察细菌的状态。

擦擦擦擦

你说的我都知道……

但为什么是我的手被选为细菌最多的手?

……

……

……

嗯?

细菌采集完毕。

放这里吧!

江士元,你干吗装作没听到?

这个实验要细菌越多才越容易观察,你也知道士元和心怡平常的生活习惯啊!

要用洗手液吗?

好像也是……

现在就只剩下你和我,但是我要写实验报告。

所以这个实验的主角就是我啰?

真多亏我手里的细菌,才能够进行这项实验!

我来观察。

好的。

跟观察细胞一样吗?这样的话,我手里的细菌都看得到吧?

人的手上大约有40万个的细菌。

嘿嘿

吓!

我的手上有40万个细菌?

400000

不只是你的手，我们的手也一样。在这么多细菌中，有可能会有造成食物中毒或呼吸器官疾病的细菌呢！

肺炎链球菌

金黄色葡萄球菌

芽孢杆菌

不可能！我没有得过那种病啊！

耳朵

耳屎会粘住灰尘和病菌，再慢慢地移动，最后掉出耳道外。

那表示你的身体很健康，病菌进入你的身体后没有引发疾病。

眼睛

泪腺会分泌出眼泪，其所含的化学物质能冲洗掉病菌。

鼻子

进入鼻子里的病菌会被鼻毛阻挡，之后形成鼻涕排出体外。

呼吸道

经由呼吸进入并附着在黏膜上的病菌，通过微细的纤毛规律的摆动而送出体外。

这些器官为了保护我们的身体，面对病菌[1]立即出现的反应，就叫作先天性免疫。

我从来没想过，手上竟然会有这么多细菌。

你的免疫系统大概比我们的勤劳好几倍吧！你不常刷牙，手又很爱东摸西摸。

就是因为那样，今天才能做实验啊！

注[1]：病菌是能够引起人类疾病的细菌和病毒。

怎么可能！

嗯？

没有观察到吗？

该不会是出现超级恐怖的细菌吧？

跑

跑

你的手今天消过毒吗？

转

消毒？说到这个真不好意思呢！

只是比赛前在厕所里上完大号后，用肥皂洗干净了而已。

害羞

哗啦

瞪

如果用肥皂洗手的话，肥皂的泡沫会将细菌带走……

看

57

这四人当中，谁身上的细菌最多？

我从机场搭出租车来到这里，手里大概有许多出租车乘客的细菌。

我吃早餐前曾洗过手，之后摸过书和手机，以及休息室的门把手！

我早上刷牙、洗脸后，就没洗手！刚刚修补了运动鞋，然后穿上。手里正握着连续使用了一个月的圆珠笔！

怎么可能！四人之中，竟然是我的手最干净？

我的天！还挺骄傲呢。

看来是士元最脏啰？

干净

不过，士元和心怡在实验前已经用手部消毒液消毒啦！

啊，没错！

是啊！

那么，剩下的人就是……

细菌王——何聪明！

赶快采集手上的细菌！

吞口水

擦擦

将棉签放到载玻片上后，滴上蒸馏水和亚甲蓝液，

再盖上盖玻片，

放到显微镜下观察。

改变世界的科学家——斯坦利

美国生物化学家温德尔·梅雷迪思·斯坦利是第一位将病毒结晶出来，并确认其分子结构的科学家，对现代分子生物学的诞生有很大的贡献。病毒是一种具有感染性的微小粒子，在侵入人体后，会引起疾病，如天花、流行性感冒、小儿麻痹症等。不只是人，病毒也会在动植物身上引起各式各样的疾病。因此，许多科学家纷纷研究病毒产生的原因、疫苗和治疗方法。然而，因为病毒比细菌更微小，很难用

温德尔·梅雷迪思·斯坦利
(Wendell Meredith Stanley)

细菌过滤器过滤或用显微镜观察到，所以对于病毒的研究花费了很长一段时间，仍无法确认病毒是生命体还是无生命物质。而对于病毒本身的构造也无从得知，初期的研究只停留在预防和治疗上。

斯坦利认为病毒的基本单位为蛋白质，他利用分离由蛋白质组成的酵素时使用的方法，从被病毒感染的烟草汁中，成功地分离出烟草花叶病毒（Tobacco mosaic virus）的结晶。后续实验，证明了烟草花叶病毒如同斯坦利预想的一样，是由核酸和蛋白质组成的。

在那之后，斯坦利通过其他研究，发现更多病毒的构造。同时也了解到病毒无法像其他生命体一样靠自己的力量生存，必须要进入其他生命体体内，通过复制而繁殖。他的这项研究结果对研究生物的生命活动和生命现象的生物化学具有相当大的贡献，因而在1946年被授予诺贝尔化学奖。

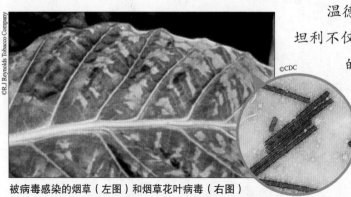

温德尔·梅雷迪思·斯坦利不仅成功地分离出病毒的结晶，也致力于流行性乙型脑炎和流感疫苗的开发。

被病毒感染的烟草（左图）和烟草花叶病毒（右图）

博士的实验室 1

过敏反应

听说帅气鼠博士因成功地完成了开发巨大橡果的实验而获得诺贝尔老鼠奖。

什么？

怎么可能！竟然比我先拿到诺贝尔老鼠奖！

帅气鼠博士以巨大橡果荣获诺贝尔老鼠奖

咚咚咚

鼠博士！是我，帅气鼠。

流鼻涕

你竟然带着巨大橡果来我家！我会过敏啊！

阿嚏

抱歉，我不知道你对巨大橡果过敏！

把橡果放下再走！我是对你过敏！

当病原体[1]从外部入侵体内时，我们身体的免疫系统会发动攻击。

病原体
免疫细胞分泌抗体
抗体

然而，有时免疫系统会将无害物质错认成病原体，而引起过度的反应，就叫作过敏。

食物
流鼻涕
宠物的毛
抗生素
蜂刺
霉菌

过敏除了有打喷嚏、流鼻涕、气喘、头痛和皮肤瘙痒等症状之外，严重的话还有死亡的危险。造成过敏的物质很多，每个人的过敏原也不相同。

改善周遭环境、避开引起过敏的物质、服药等，都是治疗过敏的方法。通过皮肤敏感测试和抽血检查，可以找到引发自己过敏反应的物质。

皮肤敏感测试：将可能造成过敏的物质使用贴布贴在皮肤上，确认皮肤的反应。

咔嚓咔嚓

抽血检查：检查血液里引起过敏的抗原、抗体。

注[1]：病原体是指可造成人或动植物感染疾病的微生物、寄生虫或其他媒介。

第三部

即使是同一个人，也会因为观看的
角度不同，而有不一样的面貌。

倒 计 时

心脏

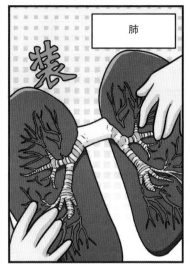

肺

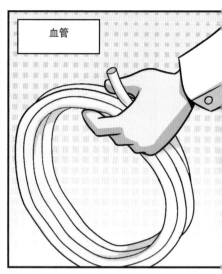

血管

肺在胸腔内，左右各一个。通过呼吸获得氧气，同时排出二氧化碳。

将血液送至全身的心脏位于胸部中央稍微偏左侧，分别按照位置将模型装上。

还有，连接全身的血管必须和两个心脏泵相连接。

一个是将血液送到肺部的泵，一个是将血液送到全身的泵。

血管是我们实验的重点，要好好装设。

你错了。

我们实验的重点是血液，不是血管。

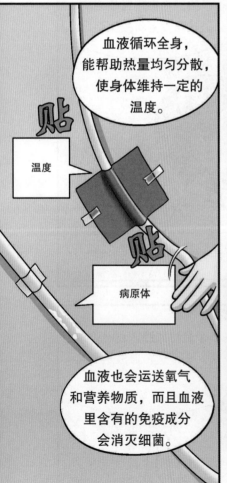

血液循环全身，能帮助热量均匀分散，使身体维持一定的温度。

贴

温度

贴

病原体

血液也会运送氧气和营养物质，而且血液里含有的免疫成分会消灭细菌。

别担心，血液已经准备好了。

因为红细胞的关系，血液呈现红色。把红色染料倒入温水中，制作出和血液相似的颜色，温度也调整到和体温相近的 37℃。

水、糖分、脂肪、蛋白质

血浆 55%

白细胞、红细胞、血小板

血细胞 45%

搅

英国队的实验
终于开始了！

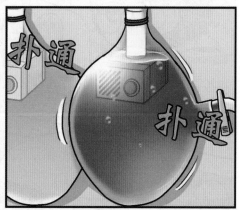

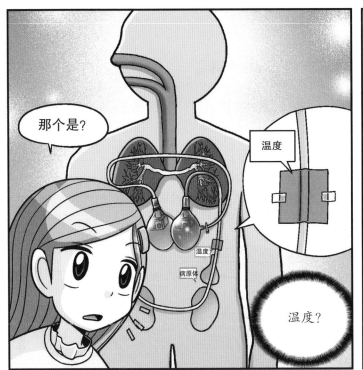

那个是?

温度

温度

病原体

温度?

血液从温度测试纸下面流过呢!

温度测试纸是指······

随着温度变化而变色的纸,对吧?

就算没有温度计,也能够确认温度的变化。

25℃ → 30℃ → 35℃

变色

就像那样。

纸的颜色改变了。血液是温暖的。

哦哦

血液维持我们身体的温度。

一看就知道呢!

接下来是病原体！
在血管里放入白色粉末。
病原体
唰唰唰
举
血液经过这里时，会将病原体消灭！
啪
流流流
哇哇哇哇
屏幕上的图是什么？
是细胞吗？好像不是？
是巨噬细胞！
什么？
呈现出实验目前的情况。
英国队画出了血液里的巨噬细胞捕捉病原体的场景。

是啊，没有时间了，赶快进行剩下的实验！

实验时间

以压力和高温这两种方法杀菌后，再观察手上剩下的细菌。我们只剩下这个步骤了。

利用压力杀菌是在手上涂抹 75% 的酒精。

擦擦

酒精

利用温度杀菌是将手放在沸水中消毒。

沸腾

沸腾

嘿嘿

温度是 100℃，稍微有点儿烫……

糟糕！

稍微有点儿烫？

啊！

是我的圆珠笔！一直到刚才还拿着它在写报告呢！而且又是耐高温的不锈钢！

对啊！如果是圆珠笔的话，上面应该会有原先附着在聪明手上的细菌！

它也能够放进热水里。

那么，在杀菌前需要观察圆珠笔上的细菌……

这个……

就交给我。

拿去吧！你专心观察显微镜，我负责采集细菌和杀菌的工作。

是啊！我们昨天分工合作，实验进行得超迅速。

那我就代替"细菌王"聪明把实验内容写在报告里。

点头

拜托你啰！

加油。

相信我吧！

点头

咕噜

咕噜

做比较，杀菌的方法

烧杯、显微镜 沙沙沙

用显微镜看细菌

实验方法
1. 分别用棉签擦拭手和圆珠笔以采集细菌，再把棉签放在载玻片上，滴上蒸馏水后，用亚甲蓝液染色，利用高倍率的显微镜观察。

2. 用 75% 的酒精用力擦拭手掌，利用其压力杀菌。

不是那样啦！

吓死我！

惊吓

实验报告的内容写错了。
酒精杀菌不是因为按压的压力，而是渗透压[1]。

当两种浓度不同的溶液在半透膜[2]隔开的情况下接触时，浓度较低的溶液中的溶剂会往浓度较高的方向移动。

困惑

半透膜

高浓度　低浓度

什么？
你再说一次。

注 [1]：渗透压与压强的单位一样，都是帕斯卡（Pa）。
注 [2]：半透膜是一种只让某些小分子和离子扩散进出的薄膜。

酒精能穿过细菌表面的膜，进入细菌的内部，将里面的蛋白质凝固，使细菌死亡。而 75% 的酒精，是进入细菌内部最适合的浓度。

75% 的酒精

酒精利用渗透压穿过细菌表面的细胞膜，进入细菌的内部。

将细菌细胞里的蛋白质凝固，导致细菌死亡。

细菌

是这个意思吧？

点头

没错！

原来酒精能进入细菌的内部是因为渗透压的关系啊！

75% 的酒精能在 2 分钟内消灭皮肤上 90% 的细菌。

啊啊啊

？

蠕动

蠕动

圆珠笔上都是细菌。

啊，种类好像更多！

好恶心！

啪

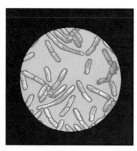

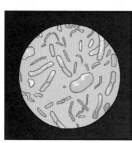

没问题了，从显微镜上看到圆珠笔上的细菌数量和聪明手上的差不多。

太好了！我们成功一半了！

现在开始是杀菌后的细菌观察！

递

给你，这是聪明的手消毒杀菌后的结果！

以 75% 的酒精消毒

采集实验物

放到载玻片上

圆珠笔呢？

咕噜

咕噜

正在消毒中。

重要的是消毒时间，大约要 15 分钟！

嗯！

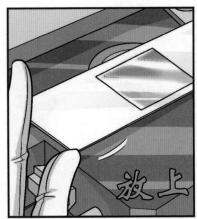

放上

亮

调整
调整

安静

实验要成功的话，杀菌前和杀菌后所观察到的细菌数，必须要有很大的差异。

吞口水

……

一定要成功！

呼……

你看，那是用75%的酒精消毒过的手！

哇哇哇

成功了！

哇

惊讶

站起

做得好！

握拳

手上的细菌几乎都消失了！

我的手也变得好干净！

点头

85

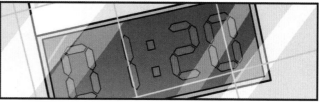

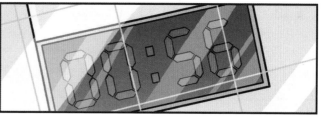

在预赛最后一场比赛中发挥了他们的实力。

真会制造紧张气氛，让人家提心吊胆！

不觉得有趣吗？真想跟那些家伙一决胜负。

如果他们进入决赛的话，一定有机会。

真没想到他们会成功，这样的话……

我们身体的免疫系统

我们生活周遭有许多肉眼看不见的细菌和病毒，为了阻止它们入侵，人体内有一个由免疫器官、免疫细胞和免疫分子组成的免疫系统。

皮肤

皮肤覆盖在身体表面，与外界环境直接接触，是身体最外层的保护膜。它可以调节体温，阻止外部物质进入体内，同时也可以防止体内水分流失。不只如此，皮肤表面还有一层酸性膜，能杀死入侵的病原体，保护身体不受感染。

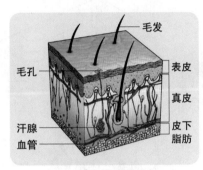

皮肤的构造

眼睑和眼泪

眼睛是我们身体唯一没有被皮肤覆盖的器官，因此很容易受到病菌的入侵。眼睑能阻挡灰尘和光线的刺激，保护眼睛，并能将泪液散布到整个结膜和角膜。眼泪可以阻止病菌从外部侵入眼睛。泪腺在微小的异物进入眼睛时，会分泌大量的眼泪将异物冲洗掉。眼泪中含有酵素"溶菌酶"，能保护眼睛不被病菌感染。

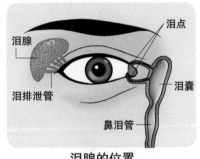

泪腺的位置

唾液

人类一天平均分泌约 1 升的唾液。唾液里含有唾液淀粉酶，能帮助消化；另外，唾液里也含有抗菌物质，能抑制侵入嘴里的病菌，保护我们的身体。因此，当唾液分泌量减少时，嘴里的细菌会大量繁殖，容易感染疾病。

胃酸

　　食物经食道进入胃后，胃会分泌胃液消化食物。胃液里含有胃酸，具有强酸性，能帮助消化、分解食物，同时也具有杀菌的作用。当有害物质进入胃时，胃黏膜免疫机制会引起呕吐，以保护我们的身体。

黏膜和黏液

　　黏膜是眼睛、鼻子、消化器官、呼吸器官等里面一层薄薄的膜状结构。大部分的黏膜会分泌浓稠湿滑的黏液，借着黏膜上面微细的纤毛的规律摆动，将黏液朝固定的方向转运。黏液不只有保护黏膜的作用，也能阻止病菌进入体内，并通过纤毛的摆动，与病菌一起被送至体外。举例来说，进入气管的微小异物会被支气管的黏液捕捉，通过纤毛的摆动引发咳嗽，将含有病菌的痰液咳出体外。如果感染支气管炎的话，黏膜会肿胀变厚，分泌更多的黏液，形成更多的痰，使呼吸变得困难。

感染支气管炎时，支气管与黏膜的变化

巨噬细胞

　　巨噬细胞是一种位于组织里的细胞，具有免疫调节的重要作用。巨噬细胞能吞噬与清除从外部进入体内的病原体、异物和坏死的细胞。它会将对病原体的免疫信息传到淋巴细胞，对于免疫功能的维持非常重要。

团队合作的胜利

第四部

嘈杂

嘈杂

嘈杂

审查委员

公布结果为什么要这么久？我想去上厕所……

你不要和我说话。

我好不容易可以站着。

你比我还严重吗！

为了仔细确认报告的内容，或需要协调的时候，通常会花比较长的时间。

那是好预兆啰？应该对我们有利吧？对吧？

心怡，我们有希望！

我们已经尽了全力，不管结果如何，心里都有一种如释重负的感觉。

心怡好镇定哟，真厉害！

抖抖抖

但我的身体也想要轻松一下！

再忍忍！

扭扭

快忍不下去了！

实验主题的分数，英国B队8分，韩国B队9分。
啪
理论对决的分数，英国B队30分，韩国B队30分。
啪
啪
实验内容的部分，英国B队16分，韩国B队17.3分。
实验报告的分数，英国B队16.7分，韩国B队15.7分。
啪
啪
最后是实验态度，英国B队16分，韩国B队15分。
两队的总分是……

106

七嘴八舌

什么?

小宇……

他是说士元是最重要的吧?

没错,脑才是最厉害的。

我不是这个意思!

靠近

啊啊啊

恭喜你们进入决赛。

惊吓

啊,是莉姿!

谢谢,也恭喜你。

就像他说的一样,虽然个人的实力很重要,但是你们的团队合作真的很棒。

嗯,和其他国家的代表队在预赛中交手,似乎让我们更了解彼此了。如果没有来这里比赛,就无法获得这样的经验。

是说……

一直都是那样吗?

嗯?

和我合照吧!

啊啊

闹哄哄

109

我先走了。

我很好奇你是怎么想到这个点子的。

就是规律的饮食和睡眠啊！

啊，等一下……

你会来舞会吧？

舞会？该不会是为我们准备了庆祝的舞会吧？

我武！

什么舞会？

是为了所有参加奥林匹克的队伍所举办的舞会。让无法进入决赛的队伍在离开前，可以有机会聚在一起，大家互相道贺和勉励。

魔术表演

音乐演奏

舞蹈时间

各国美食

这当然要去啊！

哇啊

我累了。

转头

111

112

他们来了！

看到露了。

你看那里！

哇

哇

马达加斯加队即使是最后的比赛，还是做了很精彩的实验。

我们也该去向他们道贺。

等我一下。

你不去吗？

你去吧！

啊，他们都是在这个大会上遇到的重要朋友，即使无法进入决赛，也该去祝贺他们的胜利啊！

嘈杂 嘈杂

113

你可能把他们都看成是朋友，但在我看来都是在比赛中遇到的对手而已。

!

再说，如果是无法进入决赛的落败队伍，你认为他们真的能够高兴地接受别人的道贺吗？能够进入决赛的队伍和落败的队伍，真的能够一起在派对中尽情同乐吗？

啊……

即使赢得了比赛，却无法进入决赛，心情是不会好的。

应该是不喜欢舞会和别人的道贺吧？

所以那样笑着的露，真的很了不起，不是吗？我想要真心祝贺他们的胜利，也想要和他们成为朋友。

……

那你去休息吧！

而且，这里就是
以做实验为目的，
让大家成为朋友的
地方啊！

跑
跑
跑

……

你真的不去
舞会吗？

出现

我和露在
第一天就有特别
的缘分……

哈……

痒

痒

哈哈

阿嚏！

惊吓

怎么了？

吓

鼻涕

擦

流鼻涕了？

是感冒
了吗？

116

怎么可能……才一下而已，难道我的病毒就会传染给别人吗？

流汗

这你就不懂了！病毒的繁殖能力是细菌繁殖能力的好几倍。

偷偷后退

细菌的繁殖
用细胞分裂法繁殖，每次变为2倍。

2倍

4倍

病毒的繁殖
通过寄生进行大量自我复制繁殖。

病毒

细胞

病毒的传染性就是这么高。一个人的呼吸或口水可以传染给上千个人。

细菌性疾病可以用抗生素来治疗，但病毒性疾病通常是取决于人的免疫力，还是小心为上啊！

愤怒

偷偷后退

害我心情越来越不好了。

我们是朋友啊！只不过是流点鼻涕的小感冒，就这样对我？

大步往前

暂停，不准动！

指

不准动……

冻结

117

病毒会因为每个人免疫力的强弱不同，而有致命的可能。

有的人可能只是一点点发烧就没事了，但也有人会因此死亡，这就是病毒啊！

死亡？

再者，马上就要决赛了，如果感冒了，这一年来为了准备比赛所做的努力就都白费了。

我也这么认为。应该要避开病毒的环境。

没错！

点头

点头

?

大家快散开吧！

奔跑

跑

跑

跑

唰

唰

啊！大家要去哪里？

你们这些人！

奔跑

跑跑

观察酵母的生命活动

	实验报告
实验主题	通过观察酵母和砂糖产生反应的过程，理解微生物的生命活动。
准备物品	❶ 干净的温水和水槽　❷ 塑料瓶两个　❸ 石灰水　❹ 气球　❺ 干燥状态的酵母 2g　❻ 砂糖 5g　❼ 烧杯　❽ 玻璃搅拌棒 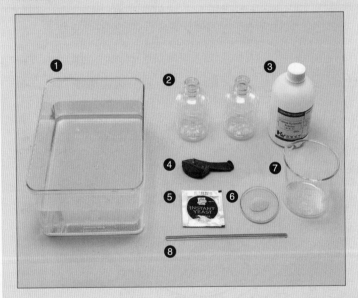
预期结果	酵母和砂糖产生反应，制造出二氧化碳，让气球膨胀。
注意事项	把收集好气体的气球移往装石灰水的瓶子时，要注意不要让气体漏出。

实验方法

❶ 将 2g 酵母倒入塑料瓶中。

❷ 在烧杯中倒入 50g 温水和 5g 砂糖，用玻璃搅拌棒搅拌至溶化。

❸ 在倒入酵母的瓶子中加入砂糖水，在瓶口套上气球。

❹ 在装了热水的水槽中，放入步骤❸的瓶子，观察接下来 15 分钟的变化。

❺ 在另一个空瓶中倒入石灰水，把步骤❹中膨胀了的气球口扎紧，移到装了石灰水的瓶口。

❻ 观察石灰水瓶子的变化。

实验结果

酵母和砂糖水相互反应而产生的气体让气球膨胀，把气球移到装石灰水的瓶子后，气球中的气体让石灰水变得混浊。

这是什么原理呢?

　　酵母是数百万个微生物的集合体，在冰凉干燥的状态中不会活动，但在约 30℃ 的温度中会变得活泼。所以在温水中倒入酵母与砂糖之后，酵母菌开始旺盛地进行代谢活动，因此产生了二氧化碳。而二氧化碳具有让石灰水变混浊的性质。

第五部

舞会的不速之客

127

对啊，这是我们校长的礼物。

送你一个去参加奥林匹克比赛的礼物。

如果感冒的话，就无法在奥林匹克实验大赛上发挥应有的实力了，所以他把大家带到医院去打了预防针。

抖抖抖抖

啊啊！

我还没打。

还真是奇特的礼物啊！

可是我觉得预防针是最好的礼物了。

比起雨伞或实验服的话。

弱病原体

因为打了预防针，我的身体就会记得病原体了。如果那种病原体进入身体的话，身体也能立刻击退它，所以我不可能感冒。

第一次见到的病原体入侵了！

又来了？

是的，那个叫作获得性免疫。和人类一出生就具有的先天性免疫不同，对于曾经感染过一次的病原体，身体会产生免疫。

先天性免疫

是出生时就拥有的免疫力

口水

血液的巨噬细胞

胃酸

黏膜和黏液

获得性免疫

① 入侵身体的病原体就是抗原

② 制造适合抗原的抗体

③ 同种抗原再次入侵的话，抗体就会马上攻击。

抗原……

抗体……

哈哈

我就是这个意思。

嘿 嘿

您很了解呢！那么我现在可以走了吧？

嗯……

但是，你打的预防针……

不是流行性感冒的预防针吗？

是的，没错。

你知道流行性感冒和感冒是不一样的吧？

当然知道啊！

感冒就是普通的感冒，流行性感冒就是比较毒的感冒。

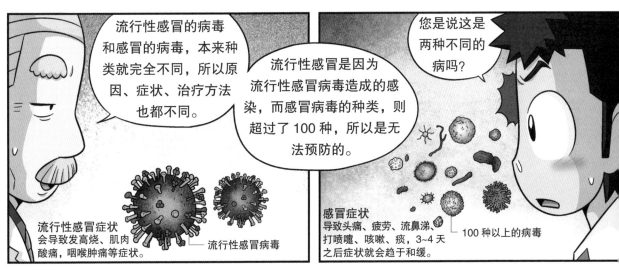

流行性感冒的病毒和感冒的病毒，本来种类就完全不同，所以原因、症状、治疗方法也都不同。

流行性感冒是因为流行性感冒病毒造成的感染，而感冒病毒的种类，则超过了100种，所以是无法预防的。

您是说这是两种不同的病吗？

流行性感冒症状
会导致发高烧、肌肉酸痛，咽喉肿痛等症状。

流行性感冒病毒

感冒症状
导致头痛、疲劳、流鼻涕、打喷嚏、咳嗽、痰，3~4天之后症状就会趋于和缓。

100种以上的病毒

129

所以我现在被感染的病毒，是100种以上病毒的其中一种！

不行……

为什么偏偏是我……

你现在终于了解了。

那么舞会呢？我真的不能去舞会吗？

普通感冒的话，只要三四天就会自然痊愈了，不是什么严重的病……

所以我可以去啰？

但是，很容易通过呼吸传染。为了大家着想，你还是不要去舞会比较好。

为了预防病毒会通过你的鼻涕或喷嚏传染给别人，你要戴上口罩。

因为手是细菌最多的部位，吃饭之前、上厕所后、外出回来后，都一定要洗手。

最重要的一件事，就是要心情平静，好好休息！

我帮你把帘子拉上，你就好好休养吧！

对我来说，在这里休息，心情根本就不会平静啊！

啊——我人生的第一场舞会，就要这样结束了啊！

啊！什么东西？

啊，是心怡！

小宇！

131

果然……
会为我着想的，
只有心怡一个人！

哭

感动

你身体很健康，
一定很快就会痊愈。

没错！你不用
担心我，去舞会开开
心心地玩吧！

敲
敲

还好吗？

好，那你
好好休息吧！

跑
跑

啊……

我原本应该
也一起去！

士元那家伙，当时还很
坚持说不去……

唉唉

唉唉

咦？

135

138

哇啊,全都是有机会获得冠军的人啊!

好厉害!

下次我们也可以进入决赛吧?

如果可以的话,就太好了。

哇 啊 啊

恭喜你,真的和去年截然不同呢!

托你的福。

虽然你们很了不起,

但是马达加斯加队也很厉害。

看

我们吗?

139

我看了今天的比赛。即使在遭遇困难的时候，你们也毫不动摇，集中全力在实验上的模样，让我印象很深刻。

啊！

我们不是厉害，只是想要在剩下的比赛中尽力做到最好而已。

啊……

是舞蹈时间。

音乐演奏开始了。

愿意跟我跳舞吗？

点头

乐意之至。

……

140

我也想去跟露打招呼，对她说声恭喜……

踩

啊！

啊！

我的妈呀！什么东西？

喂！范小宇！你在这里做什么？

你不要这么大声！如果让老师听到，会把我赶出去的！对了，你看到士元了吗？

嘘！

嘘！

嘭嘭嘭

我也正在找他。必须在舞蹈时间结束前找到他才行。

呼……

士元跳舞吗？

这件事跟你无关！

141

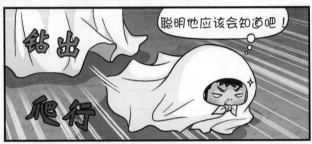

142

聪明竟然是舞会的人气王！

起身

啊！

兴奋

兴奋

我一不在，那家伙就大出风头！

找到了！

可是那个家伙在做什么？

怒火

竟然敢接近心怡！

你愿意跟我一起跳舞吗？

不，我不太会跳舞……

……

我可以教你。别担心。

这……

我也一样
不会跳舞……

嗯?

要和我一起
跳舞吗?

啊……

不行……

那双手是
被病毒污染
的手啊!

如果抓了
他的手,
心怡也会
被传染!

啊啊啊

147

观察手上的细菌

实验报告

实验主题	用酒精和热水来消灭手上的细菌,并通过显微镜观察细菌的变化。
准备物品	❶ 显微镜　❷ 75% 的酒精　❸ 蒸馏水　❹ 实验用手套 ❺ 烧杯　❻ 酒精灯　❼ 三脚架　❽ 不锈钢笔　❾ 镊子 ❿ 滴管　⓫ 温度计　⓬ 棉签　⓭ 载玻片　⓮ 盖玻片 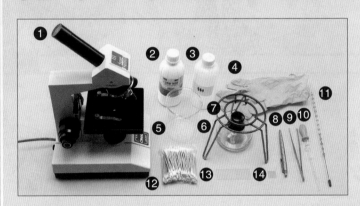
预期结果	使用酒精消毒或热水消毒之后,细菌的数量会减少。
注意事项	❶ 盖上盖玻片时,注意不要让空气跑进去。 ❷ 用热水消毒时小心不要烫伤,并且一定要戴上实验用的手套。 ❸ 比起浓度 100% 的酒精,稀释为 75% 的酒精杀菌力更强。

实验方法

❶ 把棉签在手指间稍微摩擦，再把棉签放在载玻片上，用滴管滴两三滴蒸馏水在棉签上。

❷ 在载玻片上盖上盖玻片，用显微镜观察细菌。

❸ 用浓度 75% 的酒精，对在步骤❶中检验出细菌的手进行消毒，然后再用❶❷的步骤进行观察。

❹ 用棉签摩擦笔，再用滴管将蒸馏水滴在棉签上，让水聚集在载玻片上。

❺ 在步骤❹的载玻片上盖上盖玻片，用显微镜观察细菌。

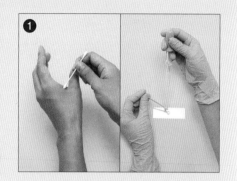

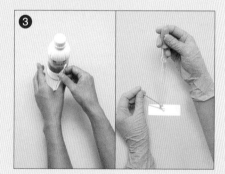

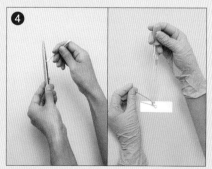

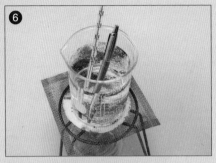

❻ 用酒精灯加热烧杯中的水，放入笔，在 100℃ 的状态下消毒 15 分钟。

❼ 把笔拿出来，重复步骤❹❺来观察细菌。

实验结果

在显微镜下观察时，发现原本活跃的细菌，在经过酒精和热水消毒之后，大部分都被灭杀了。

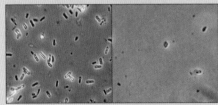
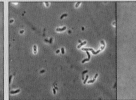
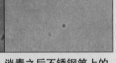

手上的细菌　消毒之后手上的细菌　不锈钢笔上的细菌　消毒之后不锈钢笔上的细菌

※ 使用细菌培养基来增加细菌数量的话，更容易进行实验观察。

这是什么原理呢？

　　我们可以用化学试剂、高温、紫外线或臭氧等来消灭细菌或其他微生物。化学试剂杀菌法主要用于塑料、橡胶制品及手部的消毒，本实验中使用的酒精杀菌法就是利用化学试剂杀菌。高温是杀灭所有微生物最有效的一种方法，主要用于耐高温、耐水物品的杀菌。

咦，你不是要去市场吗？发生什么事了？

别说了！我去了人类的村庄，发现正在蔓延的鼠疫是寄生在老鼠身上的跳蚤带来的，人类想要把我抓去关起来，我是逃回来的！

哎呀，真是野蛮的人类。这么多人因为传染病失去了生命，怎么都不接受预防接种呢？

预防接种？

如果有病菌进入人体，人体会制造出一种叫作抗体的攻击物质，如果下次再有相同的病菌入侵的话，抗体就可以马上攻击病菌，这是一种很棒的机能呢！

预防接种时：产生抗体

之后病菌入侵时：产生抗体的时间缩短

灭活疫苗　减毒疫苗

疫苗的种类

啊，只要接受灭活菌或减毒菌所制成的疫苗，身体就会事先制造抗体，原来这就叫预防接种啊！

那博士您已经接种鼠疫的疫苗了吗？

我看看！我已经打完所有的疫苗了。以种类来区分的话，有必须接种 1~3 次的，还有经过一段时间后要再次接受注射的，我全都打过了！

乙型肝炎
结核
小儿麻痹症
肺炎球菌肺炎
脑炎
伤寒　麻疹　破伤风

但是您没有接受鼠疫的预防接种呢！

那么……

从鼠疫流行地区回来的你，马上给我出去！几天内都不要出现在我面前！

我就说我没有跳蚤啊。

第六部

是朋友还是敌人？

过敏也会咳嗽和流鼻涕的话，不是也会传染吗？

引起过敏的物质往往是花粉、花生、动物毛发等外部物质，不是病菌，所以不会传染。

嗯嗯

食物	植物	动物
甲壳类 水蜜桃 草莓 牛奶 花生	花粉 柳树 松花粉 漆树	口水 毛 皮屑

造成过敏的物质

什么？

因为花粉或花生而感到不舒服？

这是因为，

脱

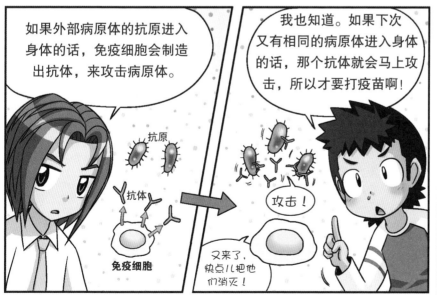

如果外部病原体的抗原进入身体的话，免疫细胞会制造出抗体，来攻击病原体。

抗原

抗体

免疫细胞

我也知道。如果下次又有相同的病原体进入身体的话，那个抗体就会马上攻击，所以才要打疫苗啊！

攻击！

又来了，快点儿把他们消灭！

但过敏则是免疫细胞把花粉或花生等物质认为是病菌，因此制造了抗体。

丢

所以……

意思是，就算花生不是病菌，只要吃了花生，就会被误以为是病菌，然后就会因此感到不舒服？

嚼 嚼

倒下

里面竟然有花生！

因为把朋友误认为敌人，所以才攻击。

把朋友误认为敌人……

对了，你之前因为桃子而引起特应性皮炎住院，也是因为过敏？

哼

你现在终于知道了。

如果你刚刚直接说不是感冒的话，就不用从舞会出来了……

嗯

坐下

反正舞会很无聊，我也想离开。

呃……

这个……

这是刚刚心怡直接拿来给我的。

为了你着想，我就戴上口罩吧！

手部消毒液制作组合

碰

反正我现在很无聊，那就来做做看吧。

喂喂，这是心怡给我的心意！

你不可以随便乱碰！

开

……

但是……

这次我就原谅你。我们慢慢做吧！

嘿嘿

刚刚的事对你感到很抱歉。

拿

酒精

啊，是酒精？这是今天实验中，聪明用来消毒手的那个吧！

据说酒精会在一瞬间就穿过细菌细胞膜，进入之后可以让细菌内的蛋白质凝固，然后杀死细菌，对吧？

点头

酒精

这是 95% 的酒精，应该可以更快把细菌杀死吧！

不是。

倒入

如果是 95% 的酒精，凝固蛋白质的能力太强，会让细菌表面变得坚硬，酒精反而无法进入细菌内部了。所以杀菌效果最好的浓度是 70% ~ 80%。

95% 的酒精 → 坚硬

啊，所以刚刚才会用 75% 的酒精啊！

那么，如果要把这瓶酒精的浓度降到 70% ~ 80% 的话……

倒入

首先在 75ml 的酒精中，加入 10ml 的蒸馏水。

如果是 70% ~ 80% 的话，大概要加入 25ml 的蒸馏水，不是吗？

对，剩下的 15ml……

为了避免消毒之后，手变得太干燥，要加入 10ml 的甘油，

还要加入 5ml 精油增加香气，再搅拌一下就可以了。

搅拌

75+10+10+5 =100!

搅拌

接着再把它放入容器内就完成了！

充满了心怡的心意，要珍惜着用才行！

健康
洗净剂

啊，是烟花！

看来舞会已经结束了。

我本来想在大家回去之前，再多跟他们聊聊天，真是可惜。

……

可是小宇去哪里了呢？
昨天也没见到他。

小宇在那里……

啊，小宇！

不行！
你不要过来！

停住

我现在得了重感冒，
没办法太靠近你！
我就站在这里跟你
道别吧！

感冒？

要是现在感冒了，那可就糟了。

原来你感冒了啊！

你要回家了，如果传染给你就惨了。所以……

我还以为你要说什么呢。

微笑

亲 亲 亲

如果我没有办法跟你道别，就这样回去的话，我才会觉得很遗憾呢！

可是……

我可是很健康的，所以没关系。

如果因为害怕被传染就逃避的话，我的身体就完全无法产生后天性免疫了。就像我们在这里所获得的经验，都会让我们变得更强大一样。

露……

167

是啊，我们明年一定要再见面。

那是当然！

因为不舒服的缘故，比赛都毁了！如果不是因为感冒，我是不会犯这种错误的！

还没好啊？

咦？

那个家伙也感冒了？

等一下！几天前就已经感冒，然后带着感冒病毒和我接触的人！

你快点儿出去！

真是无情！

回想

原来是你，感冒病毒！

什么，又是你啊？

等一下，伊戈尔！
你如果真的感冒的话，

什么？
你干吗？

要注意别让鼻涕和喷嚏把病毒传染给别人！

还要心情平静，充分地休息！

我的包包！

最重要的是，手要保持干净！

这个你带着用！

啊……

你为什么……

这样的话，你的感冒也会很快痊愈。

170

因为对小宇来说，
他们是真正的朋友啊！

为什么会
流泪呢？

呼噜

那是鼻
涕吧？

如果把朋友当成敌人
才会更吃亏吧！

......

朋友和
敌人……

我不可能会搞混。

使我们生病的病原体

　　能引起疾病的微生物（病毒、细菌等）和寄生虫，被称为病原体。其中病毒和细菌的大小、构造以及繁殖方法都不相同。

细菌性疾病

　　细菌属于原核生物，细胞核没有核膜包裹，是一种可以进行物质代谢和繁殖的微生物。细胞被细菌感染并遭到破坏，所以才会生病。细菌主要是通过呼吸道、消化道以及接触途径进行传播，引起结核病、肺炎、伤寒、炭疽病、食物中毒等疾病。细菌性的疾病可用疫苗注射来预防，感染时用抗生素治疗。

└ 细胞壁

细菌内部的遗传物质复制后，细胞中间形成隔膜，分离成两个独立的细胞。

细菌的繁殖方法

病毒性疾病

　　病毒一词来自拉丁文的"virus"，意思为"毒液"。病毒无法独立生存，必须寄生在其他生物的活细胞内。入侵宿主细胞的病毒会进行繁殖，复制和自己相同的后代，并且破坏宿主细胞，引发疾病。病毒主要是通过空气、分泌物或血液等传播。病毒性疾病有流行性感冒、肝炎、小儿麻痹症等。可以通过注射疫苗来预防，感染时用抗病毒药物来提高免疫力。

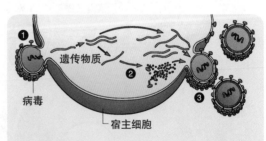

遗传物质

病毒

└ 宿主细胞

❶ 病毒吸附，穿入宿主细胞，使病毒的遗传物质进入细胞内部。

❷ 病毒的遗传物质在宿主的细胞内部进行生物合成、组装。

❸ 释放子代病毒。

病毒的繁殖方法

保护我们身体的免疫系统

对于入侵生物体的病原体或毒性物质，生物体本身所具有的抵抗性叫作免疫。人体中担任免疫角色的组织组成了免疫系统。

先天性免疫

先天性免疫是从出生即具有的免疫力，因为无法记忆或区分攻击身体的病原体种类，而一律发挥相同的免疫作用。面对病原体的入侵，最先启动免疫防御的是皮肤和黏膜。皮肤能让病原体无法轻易进入体内，黏膜则是从体内利用纤毛和黏液将病原体排出。在人体内部的巨噬细胞能帮忙除去皮肤和黏膜无法阻止的病原体，使我们不至于生病。

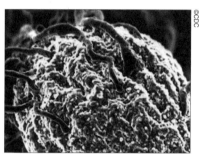

巨噬细胞吞噬病原体，并激活其他免疫细胞

获得性免疫

获得性免疫是特定病原体（抗原）入侵之后产生的，只针对该病原体产生免疫反应（抗体），也称为"特异性免疫"。抗原入侵我们的身体时，抗体被制造出来作为第一次的免疫防御。如果再次碰到相同的抗原入侵时，已经被制造过一次的抗体，便可以迅速反应，保护我们的身体，即可作为第二次的免疫防御。预防接种是事先接种少量的病原体，当病原体再次出现时，机体就会启动免疫，帮助我们不被感染。

图书在版编目（CIP）数据

抗原与抗体 / 韩国故事工厂文 ；（韩）弘钟贤图 ；
徐月珠译. -- 南昌 ：二十一世纪出版社集团，2023.1（2025.3重印）
（我的第一本科学漫画书. 科学实验王：升级版 ；
33）
ISBN 978-7-5568-7029-5

Ⅰ．①抗… Ⅱ．①韩… ②弘… ③徐… Ⅲ．①抗原－
少儿读物②抗体－少儿读物 Ⅳ．①Q939.91-49

中国版本图书馆CIP数据核字(2022)第225205号

版权合同登记号：14-2016-0228

我的第一本科学漫画书升级版
科学实验王❸❸抗原与抗体　　　[韩]故事工厂/文　[韩]弘钟贤/图　徐月珠/译

出 版 人	刘凯军	
责任编辑	杨 华	
特约编辑	任 凭	
排版制作	北京索彼文化传播中心	
出版发行	二十一世纪出版社集团（江西省南昌市子安路75号　330025）	
	www.21cccc.com（网址）	
经　　销	全国各地书店	
印　　刷	江西千叶彩印有限公司	
版　　次	2023年1月第1版	
印　　次	2025年3月第5次印刷	
印　　数	36001～45000册	
开　　本	787 mm × 1060 mm 1/16	
印　　张	11	
书　　号	ISBN 978-7-5568-7029-5	
定　　价	35.00元	

赣版权登字-04-2022-627